生活的滋味

食 光 记 忆

宋思维 绘

江西美术出版社

春 Spring

春眠不觉晓，
处处闻啼鸟。
夜来风雨声，
花落知多少？

春天，又称春季，是四季中的第一个季节，气温开始升高，

冰雪消融，河流水位上涨，植物发芽生长，万物复苏的季节来了。

食光

记忆

天 气

Weather

——

日 期

Date

——

田　螺

天 气

Weather

——

日 期

Date

——

为人民服务

天 气

Weather

———

日 期

Date

———

阿胶

补血滋阴，润燥，止血。用于血虚萎黄，眩晕心悸，心烦不眠，肺燥咳嗽。

天 气

Weather

———

日 期

Date

———

天 气

Weather

——

日 期

Date

——

那些岩画上的走兽
踏着花朵驰过
一颗蒲公英秘密地
生长在某个角落
风带走了它的种子
——北岛《语言》

天 气

Weather

———

日 期

Date

———

香煎鳕鱼

材料

鳕鱼八百克，香葱两颗，生姜一小块，大蒜三瓣，青辣椒一个，淀粉适量。

调料

食用油五十克，酱油二分之一大匙，香醋三小匙，精盐一小匙，白糖三小匙，味精二分之一小匙。

做法

❶鳕鱼洗净，加盐腌五分钟，再均匀沾裹淀粉。葱、姜、蒜、辣椒洗净，均切末。

❷锅内放油，待油烧热后，放入鳕鱼煎至两面金黄，盛出备用。

❸锅内留少量油，爆香葱、姜、蒜、辣椒，加入醋、糖、酱油、味精、淀粉、水调成汁，淋在鱼上即可。

天气

Weather

——

日期

Date

——

油菜花

油菜花，别名芸薹，原产地在欧洲与中亚一带，是一种十字花科的一年生草本植物。

嶺頭白葉單欉茶
Lingtou Baiye
DANCONG
TEA

天 气

Weather

——

日 期

Date

——

梅菜扣肉

汉族传统名菜，属客家菜。制作材料有五花肉、梅菜、葱白、姜片等。通常是将五花肉上汤锅煮透，加老抽后油炸上色，再切成肉片。之后加葱、姜等调料炒片刻，再下汤用小火焖烂，五花肉盛入碗里，上铺梅菜段，倒入原汤蒸透。走菜时，把肉反扣在盘中。成菜后，肉烂味香，吃起来咸中略带甜味，肥而不腻。

天 气

Weather

——

日 期

Date

——

鲜花糖

天 气

Weather

日 期

Date

四月，它使你想起了一个个
只要走去就不再回来的日子。
——芒克《四月》

天 气

Weather

——

日 期

Date

——

火龙果

是仙人掌科、量天尺属植物，又称红龙果、龙珠果、仙蜜果、玉龙果。

天 气

Weather

———

日 期

Date

———

蚕 豆

天 气

Weather

日 期

Date

樱花

樱花原产北半球温带环喜马拉雅山地区，在世界各地都有生长，主要集中在日本国。花每枝三到五朵，多为白色、粉红色。

天 气

Weather

———

日 期

Date

———

香 椿

我们居住的生命
有一个小小的瓶口
可以看看世界
鸟垂直地落进海里
可以看看蒲草的籽和玫瑰

——顾城《内画》

天 气

Weather

——

日 期

Date

——

WHITE RABBIT
大白兔 奶糖
WHITE RABBIT

天气

Weather

——

日期

Date

——

桃花茶

桃花茶，可以美容养颜，顺气消食，是一款浪漫的春天花茶，泡出来的花茶自然带有桃花的香气，更适合女性饮用。

天气

Weather

日期

Date

芒果

是著名热带水果，芒果果实含有糖、蛋白质、粗纤维，芒果所含有的维生素是其他水果中少见的。

天 气

Weather

——

日 期

Date

——

新年都未有芳华，

二月初惊见草芽。

白雪却嫌春色晚，

故穿庭树作飞花。

——〔唐〕韩愈《春雪》

汤圆

天 气

Weather

——

日 期

Date

——

花褪残红青杏小。

燕子飞时，绿水人家绕。

枝上柳绵吹又少，天涯何处无芳草。

——【宋】苏轼《蝶恋花·春景》

天 气

Weather

——

日 期

Date

——

腰 果

孤山寺北贾亭西，水面初平云脚低。
几处早莺争暖树，谁家新燕啄春泥。
乱花渐欲迷人眼，浅草才能没马蹄。
最爱湖东行不足，绿杨阴里白沙堤。
——〔唐〕白居易《钱塘湖春行》

天 气

Weather

———

日 期

Date

———

鲥鱼

你在雨中等待着我
路通向窗户深处
——北岛《你在雨中等待着我》

天 气

Weather

——

日 期

Date

——

青梅

天气
Weather

日期
Date

蕨菜

根状茎提取的淀粉称蕨粉，可供食用，根状茎的纤维可制绳缆，能耐水湿，嫩叶可食，称蕨菜；全株均入药，驱风湿、利尿、解热，又可作驱虫剂。

天 气

Weather

——

日 期

Date

——

天气

Weather

———

日期

Date

———

寿　司

天 气

Weather

——

日 期

Date

——

重庆小面

是重庆四大特色之一，是一款发源于重庆的特色传统小吃，属于渝菜。重庆小面是重庆面食中最简单的一种。

天 气

Weather

———

日 期

Date

———

天气
Weather

日期
Date

凉拌海蜇

材料

海蜇皮三百克、黄瓜半根、蒜蓉和姜末五克、浙醋和生抽一茶匙、香油适量。

做法

❶海蜇皮提前一天用清水浸泡后冲洗干净，黄瓜切丝备用。

❷将海蜇皮切丝，放入锅中焯水片刻，捞出浸冷水备用。

❸海蜇丝和黄瓜丝加蒜蓉、姜末、浙醋、生抽和香油拌匀即可。

天 气

Weather

———

日 期

Date

———

夏 Summer

绿树阴浓夏日长，
楼台倒影入池塘。
水精帘动微风起，
满架蔷薇一院香。

夏天，四季中的第二个季节，又称“昊天”，是北半球一年中最热的季节，我国习惯将立夏作为夏天的开始。

食光

记忆

天 气

Weather

——

日 期

Date

——

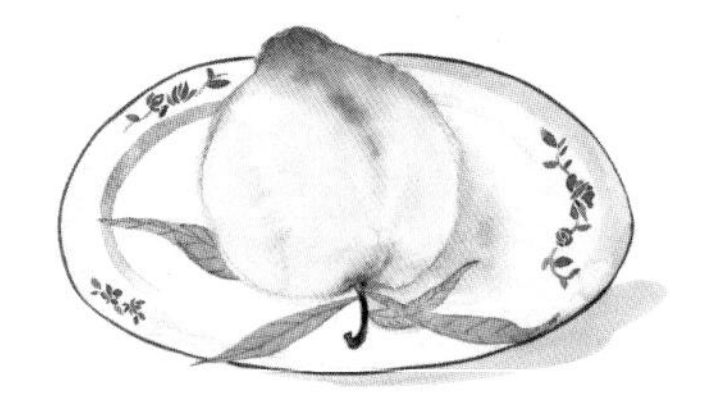

天 气

Weather

———

日 期

Date

———

绿豆糕

是传统特色糕点之一，属消暑小食。相传中国古代先民为寻求平安健康而制作的糕点。端午节时食用粽子、雄黄酒、绿豆糕、咸鸭蛋等是传统风俗。

天气

Weather

——

日期

Date

——

李子

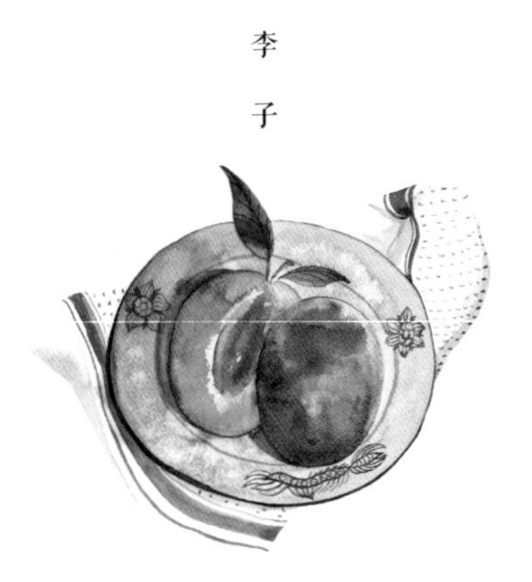

别名嘉庆子、布霖、李子、玉皇李、山李子。其果实七至八月间成熟，饱满圆润，玲珑剔透，形态美艳，口味甘甜。

天 气

Weather

———

日 期

Date

———

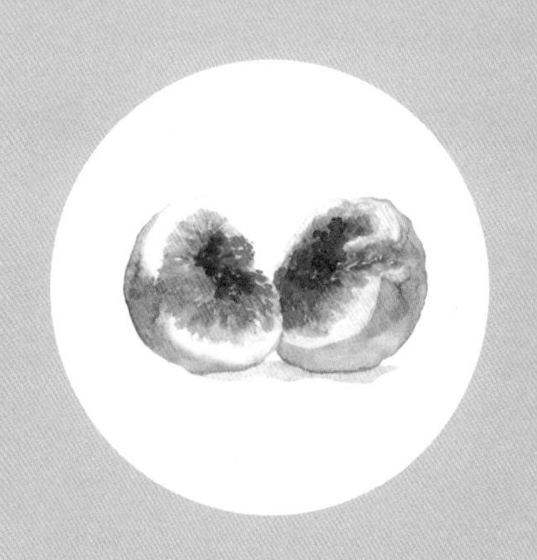

天 气

Weather

——

日 期

Date

——

枸杞

枸杞这个名字始见于《诗经》。明代的药物学家李时珍云："枸杞，二树名。此物棘如枸之刺，茎如杞之条，故兼名之。"

天 气
Weather

日 期
Date

杏

是常见水果之一，营养极为多样，内含较多的糖、蛋白质以及钙、磷等矿物质，另含丰富的维生素。

天 气

Weather

——

日 期

Date

——

鸡枞

又名鸡宗、鸡松、鸡脚菇、蚁枞等，是一种美味山珍，称之为「菌中之王」，其肉肥硕壮实，质细丝白，味鲜甜脆嫩，清香可口，可与鸡肉媲美，故名鸡枞。它含有钙、磷、铁、蛋白质等多种营养成分。鸡枞吃法很多，生熟炒煮作煲汤皆宜，滋味均极鲜美。

天 气

Weather

——

日 期

Date

——

天气
Weather

日期
Date

绿豆粥

材料

主料：稻米二百五十克，绿豆一百五十克。

辅料：白砂糖二十克、花生。

做法

❶将大米用清水淘净，绿豆去杂质，用清水洗净。

❷将绿豆放入锅中，加清水一千七百五十克左右，旺火烧滚，移小火焖烧四十分钟左右，至绿豆酥烂时，放入大米用中火烧煮三十分钟左右，煮至米粒开花，粥汤稠浓即可。冷却后加白砂糖拌和食用。

天 气

Weather

日 期

Date

虾饼

材料

生虾肉二百五十克（去肠），肥猪膘肉五十克（切成小粒），生油三汤匙。

调味

生粉一茶匙，蛋白一只，盐、胡椒粉各少许，麻油二分之一茶匙（后下）。

做法

❶虾肉用盐水浸半小时，再用清水冲洗及沥干，用刀拍扁，并用刀剁一会儿，放入碗内，加入调味料，以顺时针方向搅动至起胶。

❷虾胶加入肥猪膘肉粒及麻油拌匀，分成四份，做成直径约五厘米的圆饼。

❸平底锅烧至大热，倒入生油，放入虾饼，以中火将两面煎炸至金黄色，取出切斜片，即可上碟。

天气
Weather

日期
Date

佛手柑

为芸香科植物佛手的果实。果实在成熟时各心皮分离，形成细长弯曲的果瓣，状如手指，故名佛手。

天 气

Weather

———

日 期

Date

———

天 气

Weather

——

日 期

Date

——

草莓

天 气

Weather

——

日 期

Date

——

海参

是生活在海边至八千米的海洋棘皮动物，距今已有六亿多年的历史。海参以海底藻类和浮游生物为食。海参全身长满肉刺，广布于世界各海洋中。中国南海沿岸种类较多，约有二十余种海参可供食用。

天 气

Weather

日 期

Date

枇杷

天 气

Weather

日 期

Date

天 气

Weather

——

日 期

Date

——

竹叶粽子

天 气

Weather

———

日 期

Date

———

天 气

Weather

——

日 期

Date

——

天 气

Weather

——

日 期

Date

——

北冰洋汽水

天气

Weather

日期

Date

北京酸奶

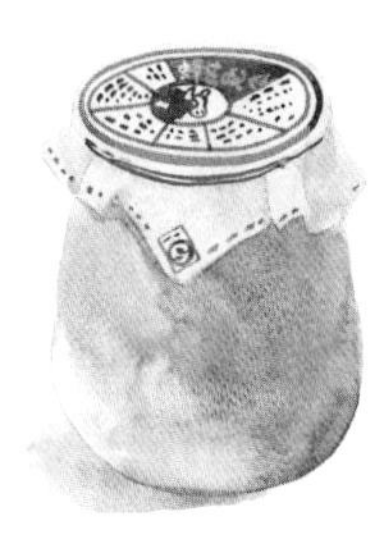

天 气
Weather

——

日 期
Date

——

啤酒

天 气
Weather
——
日 期
Date
——

咸鸭蛋

做法

❶在野外取大袋红壤。
❷将红壤放入坛子，撒入食盐，用纯净的溪水或是井水搅拌至均匀稠状。
❸将鸭蛋（最好是青壳蛋）轻轻放入坛中，保证全部被红壤水所覆盖。
❹封口，半个月后即可食用。腌制时间越长，味道越咸，且蛋黄呈红色，出红油。

天 气

Weather

日 期

Date

生蚝

是牡蛎的别称，又名蛎黄、蚝白、海蛎子、青蚵、生蚝、牡蛤、蛎蛤。生蚝生长在温热带海洋中，以法国沿海所产最为闻名。

天气

Weather

——

日期

Date

——

茶泡饭

指的是用茶水泡米饭。在中国南方地区通常用热茶水来泡冷饭，即为茶泡饭。通常以盐、梅干、海苔等配料，和饭一起泡。制作方便，取材简单。

秋 Autumn

银烛秋光冷画屏，
轻罗小扇扑流萤。
天阶夜色凉如水，
坐看牵牛织女星。

秋天，又称秋季，一年四季的第三季，由夏季到冬季的过渡季，天文定义为秋分到冬至。

食光

记忆

天 气

Weather

日 期

Date

布丁

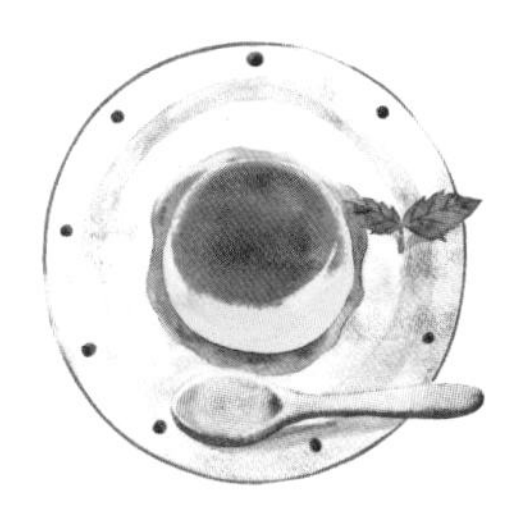

天 气

Weather

——

日 期

Date

——

当秋风突然走进框框作响的门口，
我的家园都是含着眼泪的葡萄。
——芒克《葡萄园》

天 气

Weather

——

日 期

Date

——

水果糖

天 气

Weather

日 期

Date

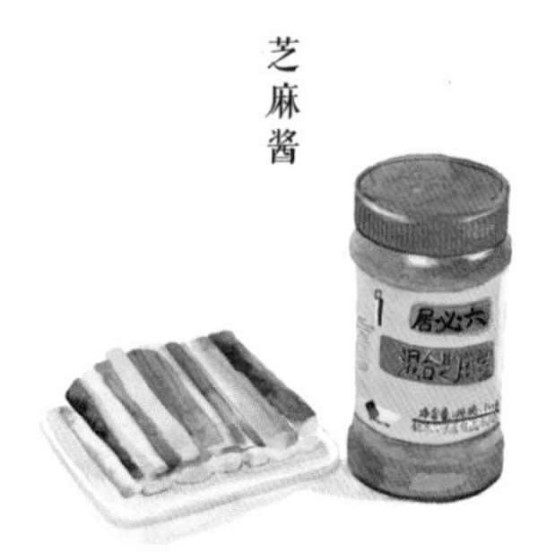

芝麻酱

天气

Weather

日期

Date

开心果

天 气

Weather

——

日 期

Date

——

沙棘

天 气

Weather

———

日 期

Date

———

天 气

Weather

日 期

Date

天气

Weather

——

日期

Date

——

白果

又名鸭脚子、灵眼、佛指柑，银杏、公孙树子，是银杏的种仁。

天 气

Weather

———

日 期

Date

———

橄榄

果肉含有丰富营养，且易被人体吸收，尤适于女性、儿童食用。

天 气

Weather

——

日 期

Date

——

天 气

Weather

日 期

Date

天 气

Weather

日 期

Date

大闸蟹

天 气

Weather

———

日 期

Date

———

梨炒鸡

做法

1. 雏鸡胸肉切片。
2. 猪油三两熬熟，炒三四次。
3. 麻油一瓢，芡粉、盐花、姜汁、花椒末各一茶匙，再加雪梨薄片，香蕈小块，炒三四次即可起锅。

天 气

Weather

——

日 期

Date

——

百香果

天 气

Weather

——

日 期

Date

——

花生糖

天 气

Weather

——

日 期

Date

——

小麦

天 气

Weather

日 期

Date

锦灯笼

又称戈力、洋菇娘、毛酸浆、金姑娘、满洲乳果，属一年生茄科植物。

板栗炒鸡

做法

❶ 将嫩鸡肉切成两厘米见方的块，放入碗内，加入精盐搅拌略腌，用湿淀粉上浆。葱切段，生姜切片，蒜剁蓉。

❷ 把熟栗子放入七成热的油锅内炸至金黄色，捞出沥油。

❸ 将油锅烧热，放入浆好的鸡肉块炸熟，捞出沥油。

❹ 锅内留少许油烧热，放入葱段、姜片、蒜泥爆锅，倒入鸡肉块和栗子，烹入料酒，加清汤、白糖、精盐、味精、蚝油、酱油，翻炒约三分钟，加入胡椒粉、香油，用湿淀粉勾芡，洒入香油，出锅即可。

天 气

Weather

———

日 期

Date

———

天 气

Weather

日 期

Date

莲 雾

天 气

Weather

日 期

Date

罗汉果

天 气

Weather

——

日 期

Date

——

桂花米酒

天气
Weather

日期
Date

洋蓟

又名食托菜蓟、菜蓟、朝鲜蓟、法国洋蓟、球洋蓟，是一种在地中海沿岸生长的菊科菜蓟属植物。

CHEERY

天 气

Weather

———

日 期

Date

———

天 气

Weather

日 期

Date

冬
Winter
冻笔新诗懒写，
寒炉美酒时温。
醉看墨花月白，
恍疑雪满前村。

冬天，又称冬季。北半球一年当中最寒冷的季节，中国习惯指立冬到立春的三个月时间。

食光

记忆

天 气

Weather

日 期

Date

关东煮

材料

包心鱼丸、黄金墨鱼丸、贡丸、北海香菇丸、腐皮墨鱼卷、腐皮鲜虾卷、海胆仙桃、海鲜浓汤包、日式野菜鱼腐、深海鲍鱼丸、五味章鱼烧、五月花丸、蟹籽龙虾球、蟹籽墨鱼球、蟹籽沙拉虾、蟹籽仙桃、蟹籽鱼包蛋、鳕鱼菠菜丸、鳕鱼海虾球、鳕鱼芝士包、瑶柱海参包、野菜丸天、烧一香、蟹肉钳、鳕鱼卷、黄金球、鱼丸、虾丸、牛肉丸、关东烧、昆布、香菇蟹黄丸芝麻味虾球等几十个品种，根据个人喜好添加删减皆可。

做法

❶ 先将红、白萝卜用水煮熟，捞起冲冷水后，沥干备用。

❷ 将虾皮半匙、木鱼花两大匙 盐一小匙煮开，再把贡丸三个、鱼丸三个、生干贝两个、白萝卜和红萝卜各半杯（切大块）放入熬煮约十分钟捞起。

❸ 关东煮是把用竹签串成的鱼丸、肉丸在精心调制的高汤中煮过后，再放入汤杯中食用的一种食品。把葱末跟关东煮沾酱混合，食用时再沾。

天气
Weather

日期
Date

鱼松

原料

大黄鱼一条，葱段十五克，姜片十克，精盐三克，绍酒二十五克，味精两克。

做法

❶鱼剖洗净后，剁去头，剔骨去皮，取净肉放盆中，加盐、酒、葱、姜上笼，用旺火蒸至熟透取出，沥去汁水。

❷炒锅置小火上烧热，放入鱼肉，撒上味精，用锅铲翻炒，炒至鱼肉发松，起锅即成。

天 气

Weather

———

日 期

Date

———

暴腌肉

天 气

Weather

———

日 期

Date

———

天 气

Weather

———

日 期

Date

———

腌笃鲜

做法

❶将五花猪肉洗净，煮熟切块。

❷将咸猪腿肉洗净，分别切成块。

❸用砂锅一只，锅内加清水、猪肉块、咸肉块，用大火烧开。

❹再加酒、葱段，改用中火慢慢焖到肉半熟，再加入竹笋块、盐、味精，继续炽熟透，撇尽浮沫，取去葱段即成。

天 气

Weather

——

日 期

Date

——

天 气

Weather

——

日 期

Date

——

泡

菜

天 气

Weather

———

日 期

Date

———

LONELY GOD

天气

Weather

———

日期

Date

———

天气
Weather

日期
Date

山
药

天 气

Weather

———

日 期

Date

———

天 气

Weather

——

日 期

Date

——

羊
肉

Dualit

天气

Weather

日期

Date

蛋包饭

做法

1. 将蛋打散，加入太白粉、盐搅拌均匀。
2. 热油锅，取厨房纸巾将多余的油擦干净，再将蛋液平缓且均匀地下锅，至蛋皮呈金黄色的圆形时，将炒饭放入蛋皮中间。
3. 迅速将蛋皮四角包好固定，盛入盘中，淋上蕃茄酱即可。

天 气

Weather

——

日 期

Date

——

红茶

天 气

Weather

——

日 期

Date

——

天 气

Weather

———

日 期

Date

———

一只打翻的酒盅

石路在月光下浮动

青草压倒的地方

遗落一枝映山红

——舒婷《往事二三》

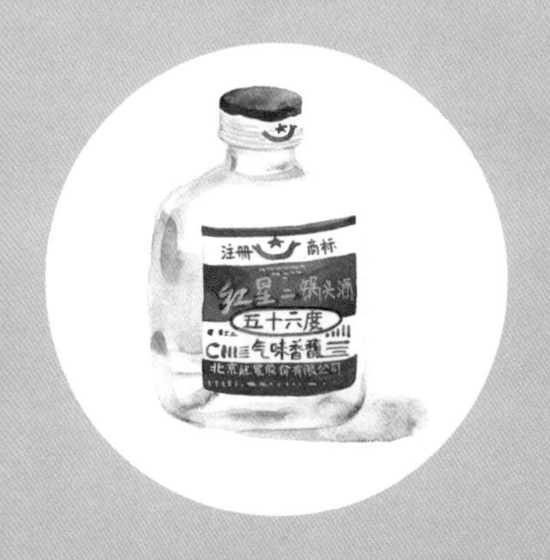
注册 商标
红星二锅头酒
五十六度
气味香馥

天 气

Weather

——

日 期

Date

——

天 气

Weather

——

日 期

Date

——

原味紅糖
台湾古法

天 气

Weather

———

日 期

Date

———

天 气

Weather

———

日 期

Date

———

猪皮冻

猪皮冻是一种用猪皮熬制而成的传统特色美食。将除了毛的猪皮放入适当的调料，进行长时间的熬制，使熬制的汤里含有一定的皮胶含量，然后再冷却。冷却后猪皮和汤就会凝固在一起，沾上调料，即可食用。

天 气

Weather

日 期

Date

图书在版编目（CIP）数据

生活的滋味·食光记忆 / 江西美术出版社编；宋思维绘. -- 南昌：江西美术出版社, 2019.8

ISBN 978-7-5480-7113-6

Ⅰ. ①生… Ⅱ. ①江… ②宋… Ⅲ. ①饮食－文化－中国－通俗读物 Ⅳ. ①TS971.2-49

中国版本图书馆CIP数据核字(2019)第094103号

出 品 人　周建森

责任编辑　方　姝　姚屹雯

责任印制　汪剑菁

书籍设计　闵　鹏　林思同　先鋒設計

生活的滋味·食光记忆

SHENGHUO DE ZIWEI • SHI GUANG JIYI

宋思维　绘

江西美术出版社　编

出　　版：江西美术出版社

地　　址：南昌市子安路66号

网　　址：jxfinearts.com

电子信箱：jxms163@163.com

电　　话：0791-86566309

邮　　编：330025

经　　销：全国新华书店

印　　刷：浙江海虹彩色印务有限公司

版　　次：2019年8月第1版

印　　次：2019年8月第1次印刷

开　　本：889mm×1270mm 1/32

印　　张：7

ISBN 978-7-5480-7113-6

定　　价：68.00元